Iman Sabah
Tanya Salam

Imunologia em Realidade Virtual: Melhorar a aprendizagem e a visualização

Iman Sabah
Tanya Salam

Imunologia em Realidade Virtual: Melhorar a aprendizagem e a visualização

Utilização da RV/RA para o ensino da imunologia e visualização de processos complexos do sistema imunitário

ScienciaScripts

Imprint

Any brand names and product names mentioned in this book are subject to trademark, brand or patent protection and are trademarks or registered trademarks of their respective holders. The use of brand names, product names, common names, trade names, product descriptions etc. even without a particular marking in this work is in no way to be construed to mean that such names may be regarded as unrestricted in respect of trademark and brand protection legislation and could thus be used by anyone.

Cover image: www.ingimage.com

This book is a translation from the original published under ISBN 978-620-8-11904-1.

Publisher:
Sciencia Scripts
is a trademark of
Dodo Books Indian Ocean Ltd. and OmniScriptum S.R.L publishing group

120 High Road, East Finchley, London, N2 9ED, United Kingdom
Str. Armeneasca 28/1, office 1, Chisinau MD-2012, Republic of Moldova, Europe
Printed at: see last page
ISBN: 978-620-8-21552-1

ÍNDICE

Utilização da RV/RA para o ensino da imunologia e visualização de processos complexos do sistema imunitário

Iman Sabah Mustafa[1] , Tanya Salam Salih[2]

*[1]Departamento de Tecnologias da
Informação
[2]Departamento de Biologia.
imansabah5@gmail.com*

Resumo

O ensino da imunologia enfrenta frequentemente desafios na transmissão eficaz de conceitos abstractos e processos complexos associados ao sistema imunitário. Os métodos de ensino tradicionais são muitas vezes insuficientes para tornar estas ideias complexas acessíveis e compreensíveis. Este documento explora o potencial das tecnologias de realidade virtual (RV) e realidade aumentada (RA) como ferramentas inovadoras para melhorar o ensino da imunologia e visualizar processos complexos do sistema imunitário. Tanto a RV como a RA oferecem experiências imersivas e interactivas que podem melhorar substancialmente a compreensão, o envolvimento e a retenção dos alunos. A realidade virtual (RV) envolve a criação de ambientes simulados através de tecnologia informática, permitindo aos utilizadores interagir com espaços digitais como se fossem reais. A RV utiliza multimédia interactiva e simulações informáticas para reproduzir cenários do mundo real ou inventar cenários totalmente novos. As aplicações da RV são diversas, abrangendo desde o entretenimento, como os jogos de vídeo, até aos contextos educativos e profissionais que exigem elevados níveis de envolvimento e imersão do utilizador. A eficácia da RV na educação depende da capacidade do designer para criar ambientes virtuais detalhados e interactivos. Esta capacidade ajuda a tornar os conceitos abstractos mais tangíveis e envolventes, proporcionando uma experiência imersiva que melhora a compreensão. Em contrapartida, a realidade aumentada (RA) sobrepõe informação digital ao mundo real, em vez de criar um ambiente totalmente simulado. A RA melhora a perceção que os utilizadores têm do seu ambiente físico, integrando elementos digitais, como gráficos ou informações textuais, no mundo real. Esta tecnologia fornece contexto adicional ou ajudas visuais que enriquecem a compreensão, sem necessidade de imersão total num espaço virtual. A capacidade da RA para oferecer informações e visualizações em tempo real e específicas do contexto torna os processos complexos mais acessíveis e compreensíveis em ambientes reais. Tanto a RV como a RA apresentam vantagens únicas para o ensino da imunologia. A RV pode simular processos complexos do sistema imunitário, permitindo aos estudantes explorar e interagir com modelos virtuais de células imunitárias, agentes patogénicos e mecanismos moleculares. Esta abordagem interactiva pode tornar os processos biológicos complexos mais compreensíveis e envolventes, proporcionando uma experiência de aprendizagem prática que aprofunda a compreensão dos alunos. Por outro lado, a RA pode complementar os materiais de aprendizagem tradicionais, fornecendo visualizações em tempo real e informações específicas do contexto, tornando os processos imunológicos complexos mais acessíveis e integrados nas observações do mundo real. A integração da RV e da RA no ensino da imunologia representa uma via promissora para transformar a forma como os estudantes aprendem sobre o sistema imunitário. Ao tornar os conceitos abstractos mais concretos e envolventes através da tecnologia imersiva, estas ferramentas podem melhorar significativamente os resultados educativos. Oferecem aos estudantes uma compreensão mais profunda e intuitiva dos princípios imunológicos, colmatando a lacuna entre o conhecimento teórico e a aplicação prática. À medida que as tecnologias de RV e RA continuam a avançar, o seu potencial para revolucionar a educação em imunologia e noutros campos científicos complexos torna-se cada vez mais evidente, abrindo caminho para experiências de aprendizagem mais eficazes e envolventes.

Palavras-chave: Imunologia, tecnologia RV/RA, Realidade Virtual, sistema imunitário, biomédica.

I. INTRODUÇÃO

A compreensão do sistema imunitário é crucial em vários domínios, incluindo a medicina, a investigação biomédica e a saúde pública. O sistema imunitário é altamente complexo, envolvendo uma multiplicidade de tipos de células, vias de sinalização e interações intrincadas. Estes processos podem ser difíceis de compreender, especialmente quando se confia apenas nos métodos de ensino tradicionais, como aulas teóricas e manuais escolares. Estas abordagens, embora informativas, muitas vezes não conseguem transmitir a natureza dinâmica e multifacetada do sistema imunitário, tornando difícil para os alunos compreenderem o âmbito completo do funcionamento das respostas imunitárias. Esta lacuna na educação eficaz exige métodos inovadores que possam apresentar esta complexidade de uma forma mais acessível e cativante. As tecnologias de Realidade Virtual (RV) e Realidade Aumentada (RA) oferecem soluções promissoras para estes desafios educativos. Ao criar ambientes imersivos e interactivos, estas tecnologias permitem que os alunos visualizem, explorem e interajam com o sistema imunitário de formas que anteriormente eram impossíveis. Por exemplo, a RV pode simular o funcionamento interno das respostas imunitárias, permitindo aos utilizadores ver como as diferentes células imunitárias comunicam, como os agentes patogénicos são detectados e atacados e como as defesas do organismo são coordenadas a nível molecular. A RA, por outro lado, pode sobrepor modelos digitais de processos imunitários ao mundo real, proporcionando aos alunos uma experiência prática de observação e manipulação dos mecanismos imunitários. Para além do seu potencial no ensino geral, a RV e a RA estão a começar a ser exploradas para a sua utilização em áreas específicas, como a comunicação sobre vacinação. A RV imersiva, em particular, tem demonstrado potencial para reduzir a ansiedade e a dor associadas à vacinação, especialmente em crianças. A investigação recente tem explorado cada vez mais o potencial dos ambientes de Realidade Virtual (RV) para aliviar o medo e a ansiedade em pacientes jovens submetidos a procedimentos de vacinação. Esta investigação visa determinar se a RV pode servir como uma distração eficaz durante estes processos médicos, reduzindo assim o stress tipicamente associado às vacinas. Ao mergulhar os pacientes em experiências visuais e interactivas envolventes, a RV tem o potencial de tornar o processo de vacinação menos intimidante e promover uma atitude mais positiva em relação a estas intervenções médicas essenciais. Embora a investigação sobre o impacto da RV nos procedimentos de vacinação ainda esteja na sua fase inicial, os resultados iniciais são encorajadores. A tecnologia de RV não só tem a capacidade de melhorar a compreensão de sistemas biológicos complexos, como a resposta imunitária, mas também proporciona benefícios tangíveis em contextos clínicos. Especificamente, a RV pode contribuir para reduzir a dor e a ansiedade durante as vacinações, criando uma experiência mais confortável e de apoio para os pacientes. A promessa da RV vai para além das suas aplicações actuais. À medida que a investigação avança, as tecnologias de RV e de Realidade Aumentada (RA) estão preparadas para revolucionar a educação médica e os cuidados aos doentes. Estas ferramentas imersivas podem transformar a forma como os profissionais de saúde ensinam e compreendem conceitos complexos, bem como a forma como os doentes vivenciam os procedimentos médicos. Ao integrar a RV e a RA em estruturas educativas e práticas clínicas, há potencial para melhorias significativas nos resultados da aprendizagem e na satisfação dos pacientes. A evolução da investigação sobre RV e RA realça o seu papel crescente na resposta aos desafios da educação e dos cuidados de saúde. Com os avanços contínuos e o aumento da adoção, estas tecnologias poderão desempenhar um papel fundamental na definição do futuro da formação médica e dos cuidados aos doentes, oferecendo soluções inovadoras que melhoram tanto a experiência de aprendizagem como a qualidade geral dos cuidados de saúde (Plechatá, A., e et al., 2023). Este artigo explora o crescente volume de dados na educação médica e enfatiza a necessidade de uma melhor síntese e integração de dados. Com os avanços da bioinformática, da biologia de sistemas e da medicina computacional, os investigadores salientam a importância de utilizar estes domínios para gerir e analisar dados médicos complexos. A crescente disponibilidade de informação médica exige abordagens inovadoras para organizar e interpretar eficazmente os dados, garantindo que os profissionais de saúde possam tomar decisões informadas. A bioinformática e a biologia de sistemas oferecem ferramentas para compreender os sistemas biológicos, enquanto a medicina computacional ajuda a processar grandes quantidades de dados clínicos. Em conjunto, estes domínios desempenham um papel crucial no avanço da educação médica e na melhoria dos cuidados prestados aos doentes (Chan, C., & Kepler, T. B., 2007).

Nos cenários educativos modernos, as tecnologias de Realidade Virtual (RV) e Realidade Aumentada (RA) surgiram como instrumentos revolucionários, alterando fundamentalmente as nossas percepções e interações com matérias complexas. No meio das aplicações multifacetadas da RV e da RA, a sua integração na esfera do ensino da imunologia surge como particularmente auspiciosa. A imunologia, a exploração do sistema imunitário e das suas respostas aos agentes patogénicos, apresenta processos complicados e interações dinâmicas que as metodologias de ensino tradicionais têm frequentemente dificuldade em elucidar adequadamente. No entanto, a utilização de tecnologias de RV e RA revela novos caminhos para encontros de aprendizagem imersivos e uma visualização mais intensa dos intrincados fenómenos do sistema imunitário. Na sua essência, o ensino da imunologia procura fornecer aos estudantes uma compreensão profunda da funcionalidade do sistema imunitário, do seu papel fundamental na proteção do organismo contra agentes patogénicos e dos mecanismos subjacentes que regem as respostas imunitárias. Convencionalmente, os estudantes dependem de livros didácticos, diagramas estáticos e palestras para apreenderem estas noções. Embora estas modalidades forneçam conhecimentos fundamentais, frequentemente falham na transmissão da essência dinâmica dos processos imunológicos e na criação de um envolvimento ativo dos estudantes. Através da integração da RV e da RA no ensino da imunologia, os educadores podem proporcionar aos estudantes encontros imersivos que transcendem os limites das abordagens pedagógicas tradicionais. Os ambientes de RV proporcionam aos estudantes a oportunidade de mergulhar nos meandros do sistema imunitário num domínio tridimensional, oferecendo uma visão abrangente das interações celulares, da dinâmica molecular e das respostas fisiológicas aos agentes patogénicos. Por outro lado, a RA sobrepõe conteúdos digitais ao mundo físico, permitindo que os alunos interajam com modelos virtuais juntamente com aparelhos ou espécimes laboratoriais tangíveis.

As tecnologias de realidade virtual (RV) e de realidade aumentada (RA) surgiram como ferramentas transformadoras na educação médica, oferecendo experiências de aprendizagem imersivas e interactivas. No domínio da imunologia, estas tecnologias têm o potencial de replicar processos complexos, como surtos de doenças ou respostas imunitárias a agentes patogénicos, proporcionando aos estudantes experiência prática no diagnóstico e gestão de cenários do mundo real num ambiente controlado e sem riscos. Ao simular estes eventos médicos, a RV e a RA oferecem uma plataforma de aprendizagem experimental que melhora o pensamento crítico, as capacidades de resolução de problemas e de tomada de decisões clínicas - competências essenciais para os aspirantes a profissionais de saúde.

Uma das principais vantagens da utilização da RV e da RA no ensino da imunologia é a sua capacidade de visualizar processos intrincados do sistema imunitário que, de outra forma, seriam difíceis de compreender através de métodos de ensino tradicionais, como aulas teóricas ou livros didácticos. O sistema imunitário, com o seu complexo conjunto de células, vias de sinalização e interações, representa um desafio tanto para os educadores como para os estudantes. A RV e a RA podem colmatar esta lacuna, permitindo que os alunos explorem o sistema imunitário humano em três dimensões, interajam com representações virtuais de células imunitárias e observem a dinâmica das respostas imunitárias em tempo real. Este nível de interatividade não só aprofunda a compreensão como também promove o envolvimento, tornando o processo de aprendizagem mais imersivo e impactante. Além disso, estas tecnologias oferecem benefícios significativos na preparação dos estudantes para cenários de cuidados de saúde do mundo real. Ao simular surtos de doenças ou desafios imunológicos, os estudantes podem praticar o diagnóstico de doenças, prever a progressão da doença e formular estratégias de tratamento num ambiente seguro e controlado. Esta abordagem de aprendizagem experimental fomenta o pensamento crítico e as competências de tomada de decisões de que os profissionais de saúde necessitam em situações reais de alta pressão. A capacidade de praticar sem consequências na vida real aumenta a confiança e a prontidão, conduzindo, em última análise, a melhores resultados para os doentes.

Apesar das vantagens evidentes, a integração da RV e da RA no ensino da imunologia não está isenta de desafios. Um dos principais obstáculos é o custo de desenvolvimento e manutenção dos sistemas de RV e RA. As simulações de RV de alta qualidade requerem hardware e software sofisticados, cuja implementação em grande escala pode ser dispendiosa. Além disso, a adoção destas novas tecnologias implica uma curva de aprendizagem tanto para os educadores como para os alunos. Os educadores têm de receber formação para utilizar eficazmente as ferramentas de RV e RA e os alunos precisam de tempo para se familiarizarem com a navegação em ambientes virtuais. Além disso, a eficácia destas tecnologias na melhoria dos resultados de aprendizagem requer ainda mais investigação e validação. Em termos de promoção do envolvimento dos estudantes, os esforços recentes em aplicações de RV para o ensino da imunologia centraram-se na utilização de narrativas digitais interactivas. Esta abordagem integra uma interatividade rica e experiências imersivas para ajudar os estudantes universitários a compreender melhor conceitos complexos de imunologia. Ao apresentar estes conceitos através de histórias envolventes e ao permitir que os estudantes explorem o corpo humano virtualmente, as aplicações de RV aumentam a motivação para a aprendizagem e aprofundam a ligação dos estudantes ao material. Por exemplo, os alunos podem entrar virtualmente na corrente sanguínea humana, interagir com células imunitárias e observar como o corpo combate as infecções, transformando conceitos abstractos em experiências visuais e tangíveis. Este elemento de narração de histórias tem demonstrado aumentar o interesse e o envolvimento dos alunos, tornando as matérias difíceis mais acessíveis e menos intimidantes. Além disso, verificou-se que a RV e a RA suportam diferentes estilos de aprendizagem, satisfazendo os alunos visuais, auditivos e cinestésicos. Por exemplo, os alunos visuais beneficiam ao verem as células imunitárias interagirem num ambiente virtual, enquanto os alunos cinestésicos podem interagir com o conteúdo navegando e manipulando objectos virtuais. Esta flexibilidade nos métodos de ensino garante que um leque mais alargado de estudantes possa apreender eficazmente conceitos imunológicos complexos. Em conclusão, as tecnologias de RV e RA oferecem um avanço transformador no ensino da imunologia, proporcionando experiências de aprendizagem interactivas e imersivas que os métodos tradicionais muitas vezes não têm. Estas tecnologias melhoram significativamente a compreensão do sistema imunitário por parte dos estudantes, promovendo um envolvimento mais profundo e ajudando no desenvolvimento de competências críticas, como a resolução de problemas e a tomada de decisões. Ao criar simulações e visualizações dinâmicas, a RV e a RA proporcionam uma compreensão mais matizada de processos imunológicos complexos, oferecendo aos estudantes a oportunidade de interagir e explorar o sistema imunitário de uma forma que as imagens estáticas e as aulas teóricas não conseguem alcançar. Apesar do potencial promissor das tecnologias de RV e RA na educação, há vários desafios a enfrentar. Os custos elevados, a acessibilidade limitada e a necessidade de investigação exaustiva para validar a sua eficácia em contextos educativos constituem obstáculos significativos. A superação destas questões é essencial para que os benefícios da RV e da RA sejam plenamente aproveitados. À medida que estas tecnologias continuam a avançar, espera-se que o seu papel na educação médica se expanda, transformando potencialmente a forma como os futuros profissionais de saúde compreendem e gerem as complexidades do sistema imunitário humano. Com os avanços contínuos e os esforços para melhorar a acessibilidade, a RV e a RA poderão tornar-se ferramentas cruciais na formação médica. Oferecem uma experiência de aprendizagem mais rica e interactiva, ajudando os estudantes a prepararem-se melhor para a evolução das exigências da prática dos cuidados de saúde. A resolução destes desafios será fundamental para integrar a RV e a RA nos quadros educativos de forma eficaz e maximizar o seu impacto na formação médica (Zhang, L., Bowman, D. A., & Jones, C. N., 2019). No entanto, a Realidade Aumentada (RA) está na vanguarda da inovação tecnológica, integrando perfeitamente informações digitais e elementos virtuais no nosso ambiente tangível, esbatendo assim as fronteiras entre os domínios físico e digital. Ao contrário da Realidade Virtual (RV), que submerge os utilizadores em ambientes inteiramente fabricados, a RA enriquece a realidade existente através da sobreposição de camadas de conteúdos digitais em tempo real. Uma caraterística distintiva da RA é a sua versatilidade e ampla aplicabilidade em diversas indústrias e sectores. No domínio da educação, a RA redefiniu as metodologias de aprendizagem convencionais, oferecendo experiências imersivas e interactivas. Utilizando dispositivos com suporte de RA, como smartphones ou tablets, os alunos podem aprofundar temas como a história, a geografia e a ciência com um envolvimento sem precedentes. Por exemplo, os marcos históricos podem ser revividos com a RA, permitindo que os alunos testemunhem civilizações antigas ou eventos históricos cruciais a materializarem-se diante dos seus olhos. Na área do retalho, a RA está a revolucionar a experiência do consumidor, facilitando sessões de experimentação virtual de vestuário e acessórios. Através de aplicações de RA, os clientes podem visualizar como uma peça de vestuário ou de mobiliário se adapta ao seu espaço antes de se comprometerem com uma compra, melhorando assim a experiência de compra em linha e reduzindo a necessidade de devoluções. Além disso, a RA encontra aplicações significativas nos cuidados de saúde, onde é fundamental na formação médica, no planeamento cirúrgico e na educação dos doentes. Os cirurgiões utilizam a tecnologia de RA para sobrepor imagens de diagnóstico à anatomia de um paciente durante os procedimentos, oferecendo orientação em tempo real e aumentando a precisão. Os pacientes, por sua vez, beneficiam da RA ao obterem uma visão mais clara das suas condições e opções de tratamento. No domínio do entretenimento, a RA deu origem a experiências de jogo imersivas, como o Pokémon Go, em que os jogadores interagem com entidades virtuais integradas no mundo real através dos seus smartphones. Os parques temáticos e os museus estão a incorporar a tecnologia de RA nas suas atracções para elevar as experiências dos visitantes e dar vida às exposições. Na sua essência, a realidade aumentada surge como uma força transformadora com um potencial ilimitado, remodelando a forma como aprendemos, trabalhamos, fazemos compras e nos entretemos na era digital. Além disso, a tecnologia de realidade virtual (RV) encontra aplicações não só no domínio da medicina, mas também em contextos militares. Por exemplo, os indivíduos diagnosticados com autismo podem descobrir a capacidade de se relacionar com as experiências de outras pessoas da sua comunidade que também têm autismo. Como é que uma pessoa com autismo percebe o mundo à sua volta? Parece que reagem de forma semelhante sempre que ocorre um erro no seu ambiente, independentemente do seu significado (Mustafa, I. S., e et al., 2023). Na figura 1 é apresentado um esquema intrincado da linhagem celular que constitui o sistema imunitário. O diagrama mostra vários tipos de células envolvidas na resposta imunitária, incluindo células estaminais, células estaminais linfóides, progenitores mielóides, linfócitos, granulócitos, células T, células B, células assassinas naturais, neutrófilos, eosinófilos, basófilos, mastócitos, monócitos, células Tc, células Th, células de memória e células dendríticas. Cada tipo de célula é representado por uma cor e forma diferentes no diagrama. A imagem fornece uma representação visual da estrutura e organização do sistema imunitário, destacando os diferentes tipos de células e as suas funções.

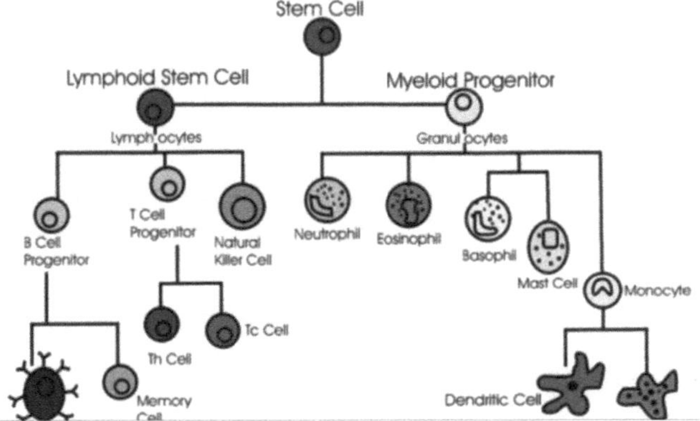

Figura 1. Células do sistema imunitário

A Realidade Aumentada (RA) é uma tecnologia transformadora que sobrepõe elementos digitais, como imagens, vídeos ou modelos 3D, ao mundo real, melhorando a forma como os utilizadores percepcionam e interagem com o seu ambiente físico. Ao misturar conteúdo virtual com o ambiente real, a RA enriquece a experiência sensorial do utilizador, tornando-a muito útil em áreas como a educação, os jogos e a navegação.

Por outro lado, a Realidade Virtual (RV) mergulha os utilizadores num ambiente totalmente digital e simulado. Ao utilizar auscultadores especializados, os utilizadores são transportados para um mundo virtual onde podem interagir com objectos e cenários como se estivessem fisicamente presentes. A RV oferece uma experiência profundamente imersiva, frequentemente utilizada em jogos, simulações de formação e entretenimento, proporcionando uma sensação de "estar lá" num mundo completamente fabricado.

Tanto a RA como a RV oferecem formas distintas de fundir os mundos físico e digital, com a RA a melhorar a realidade e a RV a criar uma realidade totalmente nova. Estas tecnologias revolucionaram as indústrias ao oferecerem novas experiências interactivas, transformando a forma como aprendemos, jogamos e interagimos com conteúdos digitais.

A diferenciação entre RV e RA é clara. A figura 2 ilustra a disparidade entre as duas:

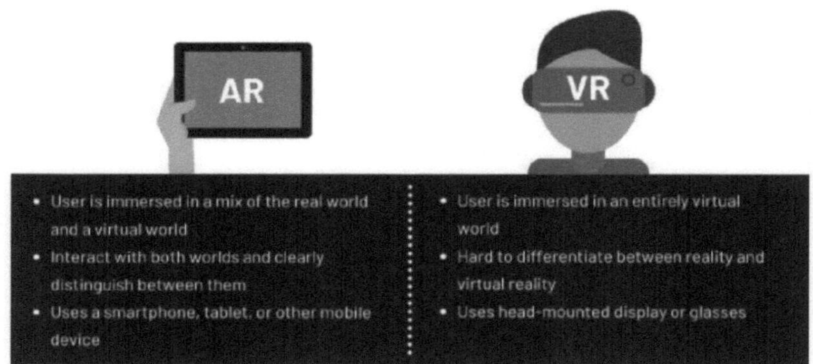

Figura 2. Realidade Aumentada (RA) e Realidade Virtual (RV)

A figura 2 apresenta uma interface gráfica de utilizador que ilustra uma aplicação que integra a realidade aumentada (RA) e a realidade virtual (RV). Nesta representação, um utilizador navega num ambiente misto em que as fronteiras entre os mundos real e virtual são pouco nítidas. O utilizador interage com elementos físicos e digitais, realçando a natureza imersiva destas tecnologias e os desafios na diferenciação entre as duas realidades. A interface suporta vários dispositivos, permitindo a interação através de smartphones, tablets, dispositivos portáteis, ecrãs de cabeça ou óculos de realidade aumentada. Estes dispositivos permitem aos utilizadores experimentar o ambiente misto sem problemas, oferecendo diversas formas de interagir com conteúdos de RA e RV. A figura inclui também etiquetas descritivas, como "texto", "captura de ecrã" e "desenho animado", que ajudam a categorizar os elementos visuais apresentados. Estes descritores apontam para a combinação de caraterísticas textuais e gráficas na interface, que provavelmente representam elementos da interação do utilizador com o espaço virtual.

De um modo geral, a figura realça a forma como as tecnologias de RA e RV permitem aos utilizadores fundir os mundos real e virtual, proporcionando uma experiência interactiva e imersiva em vários dispositivos. Esta mistura de ambientes mostra a evolução das capacidades das aplicações de RA e RV na criação de experiências dinâmicas e envolventes para os utilizadores.

II.   REVISÃO DA LITERATURA

O estudo explora a forma como a utilização da realidade virtual (RV) para transmitir as vantagens sociais da vacinação tem um impacto positivo na vontade dos utilizadores de serem vacinados. Foi efectuado um estudo abrangente de intervenção no terreno para avaliar o impacto inovador da RV na intenção de vacinação. Este artigo analisa a forma como a realidade virtual (RV) pode influenciar positivamente a vontade dos indivíduos de serem vacinados, realçando os benefícios sociais da imunização. O estudo efectua uma intervenção de campo exaustiva para avaliar o impacto inovador da RV nas intenções de vacinação. Explora a forma como a RV pode transmitir eficazmente a importância das vacinas e persuadir os utilizadores a vacinarem-se. A pesquisa também investiga o papel da narrativa emocional dentro da experiência de RV, avaliando como a incorporação de uma narrativa emocional afecta as atitudes dos utilizadores em relação à vacinação. Além disso, o estudo considera os aspectos psicológicos da RV, tais como o sentido de presença e de incorporação, e a sua influência nas intenções de vacinação dos participantes. Esta investigação representa o estudo de intervenção em RV mais extenso realizado até à data. Possui um poder estatístico significativo, permitindo uma análise robusta do impacto da RV na vontade de vacinação dos utilizadores. Ao empregar a RV, o estudo tem como objetivo alavancar a tecnologia imersiva para melhorar a compreensão e o apoio à vacinação, conduzindo potencialmente a taxas de vacinação mais elevadas e a melhores resultados de saúde pública. Em geral, o estudo fornece informações valiosas sobre a forma como a RV pode ser utilizada como uma ferramenta poderosa em campanhas de saúde pública. Demonstra o potencial da RV para criar experiências envolventes e emocionalmente ressonantes que podem comunicar eficazmente os benefícios da vacinação e abordar a hesitação em vacinar (Plechatá, A., e etal, 2023).

A passagem aborda o volume crescente de dados no ensino médico e a necessidade premente de métodos melhorados de síntese e integração de dados. Destaca o modo como a bioinformática, a biologia de sistemas e a medicina computacional surgiram como soluções cruciais para gerir e dar sentido a esta vasta quantidade de informação. Entre estes domínios, é dada especial ênfase à imunologia computacional. Esta disciplina está na vanguarda da abordagem das complexidades dos dados do sistema imunitário, oferecendo ferramentas e metodologias avançadas para analisar e interpretar informações biológicas complexas. No entanto, as tendências observadas na imunologia computacional não são isoladas; estão a ocorrer desenvolvimentos semelhantes em várias áreas da biologia e da medicina. medida que o volume de dados continua a aumentar, a integração destas técnicas computacionais avançadas torna-se cada vez mais importante. Permitem aos investigadores e aos profissionais extrair informações significativas, tomar decisões informadas e fazer avançar os conhecimentos em vários domínios. A passagem sublinha a necessidade de adotar estas tecnologias emergentes para aumentar a eficácia da educação e da investigação médicas, assegurando que as vastas quantidades de dados possam ser utilizadas para melhorar os cuidados prestados aos doentes e fazer avançar a compreensão científica. (Chan, C., & Kepler, T. B., 2007).

O ensino profissional, significativamente reforçado pela tecnologia e pelo Reconhecimento de Aprendizagem Prévia (RPL), está pronto a moldar o futuro da educação. Esta evolução responde a vários desafios do atual sistema educativo, incluindo questões relacionadas com os custos, o tempo, os tipos de currículo e o desemprego. Ao contrário das abordagens educativas tradicionais, que muitas vezes dão ênfase aos conhecimentos teóricos, o ensino profissional moderno centra-se nas competências práticas e no desempenho. Esta abordagem está bem alinhada com as preferências de muitos millennials, que preferem a aprendizagem prática à instrução teórica. O ensino profissional abrange uma vasta gama de domínios, desde ofícios práticos como cozinhar, pintar e canalizar até áreas tecnológicas avançadas que envolvem a utilização de computadores. Mesmo as disciplinas teóricas, como o empreendedorismo, podem beneficiar de uma abordagem vocacional, ao enfatizar a experiência prática e as nuances da criação e gestão de uma empresa. Por exemplo, a aprendizagem da contabilidade é muitas vezes mais eficaz quando é feita através da prática no mundo real, como a gestão das contas de uma pequena empresa ou de uma mercearia, obtendo-se assim uma visão prática das finanças e da contabilidade. Este estudo tem por objetivo explorar a interação entre as competências profissionais, o RPL e as tecnologias emergentes e o seu impacto na empregabilidade futura. Defende que os futuros modelos educativos devem enfatizar os conhecimentos e as competências individuais, reconhecendo simultaneamente a experiência anterior para melhorar as perspectivas de empregabilidade. Tecnologias como a realidade virtual (RV) podem simular cenários do mundo real no local de trabalho para formação profissional em diversos domínios, incluindo hotelaria, emergências médicas, cuidados de saúde, redação, inspeção de edifícios e levantamento de quantidades. Estas simulações proporcionam experiências de aprendizagem imersivas e práticas que os métodos tradicionais podem não ter. Espera-se que o futuro do ensino profissional seja impulsionado pelos avanços tecnológicos, incluindo a inteligência artificial (IA), a aprendizagem automática (ML), a Internet das Coisas (IoT) e a RV. Estas tecnologias não só ajudam a reduzir os custos educativos, como também oferecem aos estudantes oportunidades de aprendizagem práticas e activas, em vez de uma observação passiva. Este documento propõe que a integração da teoria da aprendizagem experimental com abordagens contemporâneas de aprendizagem baseadas em conhecimentos e competências melhorará o ensino profissional e o desenvolvimento de competências. Para validar e testar o modelo proposto, o estudo recorre a investigação secundária através de artigos académicos e livros, complementada por métodos de investigação primária, como entrevistas e inquéritos por questionário. A fiabilidade do modelo é avaliada utilizando a Modelação de Equações Estruturais por Mínimos Quadrados Parciais (PLS-SEM), incorporando factores identificados na revisão da literatura. Os principais resultados indicam uma forte relação entre competências profissionais, RPL, novas tecnologias e empregabilidade futura, mediada pelo desenvolvimento de competências de empregabilidade. Em resumo, o ensino profissional, quando combinado com os avanços tecnológicos e a RPL, oferece um caminho promissor para enfrentar os actuais desafios educativos e melhorar as futuras oportunidades de emprego. Ao centrar-se em competências práticas e aplicações no mundo real, esta abordagem alinha os resultados educativos com as necessidades da indústria, preparando os estudantes para carreiras de sucesso num mundo cada vez mais orientado para a tecnologia (Iyer, S. S.,2022).

Os investigadores desenvolveram uma aplicação inovadora de realidade virtual (RV) que permite aos utilizadores explorar o sistema imunitário num ambiente virtual imersivo. Esta ferramenta de ponta oferece uma experiência de aprendizagem altamente interactiva, permitindo aos utilizadores navegar e interagir com vários componentes do sistema imunitário. A aplicação proporciona uma abordagem prática para compreender processos imunológicos complexos, como as interações celulares e as respostas dos agentes patogénicos. Através desta aplicação de RV, os utilizadores podem observar e manipular células imunitárias virtuais, anticorpos e agentes patogénicos, obtendo uma compreensão mais profunda das funções do sistema imunitário através de visualizações e interações em tempo real. Este método imersivo melhora a aprendizagem, colmatando a lacuna entre o conhecimento teórico e a compreensão prática e experimental. Ao fornecer uma representação visual e interactiva de processos imunológicos complexos, a ferramenta de RV transforma as experiências de aprendizagem tradicionais, tornando-as mais envolventes e intuitivas. A aplicação de RV desenvolvida por Stanford constitui um recurso valioso não só para os estudantes, mas também para os investigadores, oferecendo uma nova forma de visualizar e interagir com os componentes do sistema imunitário. Este avanço sublinha o potencial substancial da tecnologia de RV para revolucionar o ensino e a aprendizagem de conceitos científicos complexos. À medida que a tecnologia de RV continua a evoluir, espera-se que a sua integração na educação científica melhore ainda mais a forma como os estudantes e investigadores se envolvem e compreendem sistemas biológicos complexos. Este desenvolvimento realça o futuro promissor da RV na transformação das práticas educativas e na melhoria da compreensão de temas complexos (Kim, Y., & Kim, H., 2020).

Os investigadores exploram o desenvolvimento de uma aplicação de realidade virtual (RV) concebida para melhorar a compreensão e o envolvimento dos estudantes universitários nos conceitos de imunologia através da narração de histórias digitais interactivas. Esta aplicação inovadora visa transformar os métodos de aprendizagem tradicionais, oferecendo uma experiência altamente imersiva que permite aos estudantes explorar o corpo humano de uma forma dinâmica e interactiva. Ao integrar a tecnologia de RV, a aplicação proporciona um ambiente rico e interativo onde os alunos podem visualizar e interagir com processos imunológicos complexos. Esta abordagem imersiva vai além da aprendizagem convencional dos manuais escolares, permitindo que os alunos experimentem e se envolvam com o material de uma forma mais profunda. A utilização de histórias digitais na aplicação enriquece ainda mais a experiência de aprendizagem, apresentando a informação num formato narrativo, o que ajuda a contextualizar e a aprofundar a compreensão dos conceitos de imunologia por parte dos alunos. A aplicação foi concebida para promover uma maior motivação e envolvimento na aprendizagem. Através das suas caraterísticas interactivas, os alunos podem participar ativamente em simulações virtuais de respostas imunitárias, surtos de doenças e outros cenários relevantes. Esta abordagem prática não só ajuda a compreender os intrincados processos biológicos, como também incentiva os estudantes a desenvolverem o pensamento crítico e as competências de resolução de problemas, essenciais para as suas futuras carreiras nos cuidados de saúde e em domínios conexos. Os investigadores sublinham que esta aplicação de RV representa um avanço significativo na tecnologia educativa para a imunologia. Ao tirar partido das capacidades imersivas da RV e da natureza cativante da narrativa digital, a aplicação visa tornar conceitos científicos complexos mais acessíveis e memoráveis. Esta abordagem inovadora tem o potencial de transformar a forma como a imunologia é ensinada, tornando a aprendizagem mais cativante e eficaz para os estudantes universitários. (Zhang, L., Bowman, D. A., & Jones, C. N., 2019).

O artigo analisa os desafios associados ao ensino da imunologia a nível universitário, nomeadamente as complexidades visuais com que os estudantes se deparam. Para resolver estas dificuldades e aumentar a motivação para a aprendizagem, o estudo apresenta uma solução inovadora: uma aplicação de narração de histórias em realidade virtual (RV). Esta aplicação apresenta personagens detalhadas e narrativas imersivas concebidas para envolver os alunos de forma mais eficaz. A experiência de RV permite que os alunos participem ativamente na simulação, encarnando neutrófilos, células imunitárias cruciais que desempenham um papel vital na defesa do organismo contra agentes patogénicos. Neste ambiente interativo, os alunos participam em batalhas virtuais, confrontando e combatendo vários agentes patogénicos. Esta abordagem prática proporciona uma forma única e cativante de explorar os processos do sistema imunitário, oferecendo uma profundidade de compreensão que os métodos de ensino tradicionais muitas vezes não têm. O documento sublinha o sucesso do desenvolvimento desta aplicação de RV, que representa um avanço significativo no ensino da imunologia. Ao integrar a tecnologia de RV, a aplicação não só melhora a aprendizagem visual, como também oferece uma abordagem experimental que preenche a lacuna entre o conhecimento teórico e a compreensão prática. A natureza interactiva da aplicação de RV permite que os estudantes visualizem e experimentem respostas imunitárias complexas num ambiente dinâmico e imersivo. Em geral, o estudo destaca o potencial da RV para revolucionar o ensino e a visualização da imunologia. A criação deste protótipo funcional demonstra como a RV pode transformar as metodologias educacionais, tornando conceitos científicos complexos mais acessíveis e envolventes. Esta abordagem inovadora abre caminho para futuros avanços na tecnologia educacional, oferecendo novas ferramentas promissoras para melhorar a aprendizagem e a compreensão dos alunos no campo da imunologia (Zhang, L., & Bowman, D. A., 2021, março).

Este estudo apresenta uma técnica sofisticada para o cálculo de vectores próprios dentro de uma estrutura definida, abordando as deficiências dos métodos tradicionais de vectores próprios. Utilizando o algoritmo de Kabsch, este novo método calcula autonomamente os vectores próprios para cada domínio, garantindo estabilidade e precisão sem necessidade de intervenção manual. Embora a abordagem seja computacionalmente intensiva, foi concebida para ser eficiente através da sua dependência de operações matriciais diretas. O algoritmo de Kabsch, conhecido pela sua robustez, facilita os cálculos precisos dos vectores próprios, minimizando o desvio da raiz quadrada média entre dois conjuntos de vectores. A implementação deste algoritmo no quadro permite ajustes automáticos e assegura resultados consistentes em vários domínios, aumentando a fiabilidade dos vectores próprios calculados.

Um aspeto fundamental do estudo é a ênfase na seleção de métricas adequadas para caraterizar as orientações relativas dos vectores próprios. Os autores defendem a utilização de valores de cosseno entre os vectores próprios, que fornecem uma medida quantitativa de alinhamento e semelhança. Além disso, os ângulos de Euler são utilizados para descrever as orientações de corpos rígidos, oferecendo uma compreensão abrangente das relações e transformações espaciais. A combinação destas métricas ajuda na análise e interpretação detalhadas dos dados do vetor próprio, permitindo uma caraterização mais matizada das propriedades geométricas e espaciais. Ao integrar estes métodos, o estudo faz avançar o campo do cálculo do vetor próprio e da análise da orientação, oferecendo uma abordagem mais refinada e automatizada em comparação com as técnicas tradicionais. Em resumo, esta investigação introduz um método inovador para o cálculo de vectores próprios que utiliza o algoritmo de Kabsch para aumentar a estabilidade e a precisão. O foco em métricas apropriadas para a caraterização da orientação enriquece ainda mais a estrutura, fornecendo uma ferramenta robusta para analisar relações espaciais complexas e melhorar a eficiência computacional (Schreiner, W., Karch, R., e et al., 2015).

O documento analisa a aplicação prática de metodologias de modelação para abordar diferentes aspectos da função do sistema imunitário, tanto em condições normais como em resposta a agentes patogénicos específicos, como o vírus da coriomeningite linfocítica (LCMV). Destaca a forma como estas técnicas de modelação podem ser utilizadas para simular e prever o comportamento do sistema imunitário, fornecendo informações valiosas sobre o seu funcionamento em vários cenários. Um foco significativo do documento é a demonstração de como estes modelos podem ser utilizados para prever as consequências de perturbações do sistema imunitário. Ao integrar dados quantitativos nestes modelos, a investigação visa oferecer previsões precisas sobre o modo como as alterações na função imunitária podem ter impacto na saúde em geral e na resposta às infecções. Esta abordagem é particularmente útil para compreender a dinâmica das respostas imunitárias e os efeitos potenciais das perturbações do sistema imunitário, que podem ser cruciais para o desenvolvimento de estratégias e intervenções de tratamento eficazes. O documento também sublinha os desafios actuais associados à utilização de modelos matemáticos informados por dados no domínio da biologia das infecções. Apesar dos avanços nas técnicas de modelação, a utilização eficaz destes modelos para representar e prever com precisão o comportamento do sistema imunitário continua a ser uma tarefa complexa. A investigação destaca as dificuldades em incorporar dados do mundo real em estruturas matemáticas e em garantir que estes modelos permanecem relevantes e exactos em diferentes condições e cenários. Ao abordar estes desafios, o documento sublinha a necessidade de aperfeiçoamento e validação contínuos das metodologias de modelação. Salienta que, embora os modelos matemáticos ofereçam um potencial significativo para melhorar a nossa compreensão das operações e perturbações do sistema imunitário, a sua eficácia depende da qualidade e da abrangência dos dados utilizados. Como tal, os esforços contínuos para melhorar a recolha de dados, a precisão dos modelos e os quadros interpretativos são essenciais para aumentar a utilidade prática destes modelos na biologia das infecções. Em termos gerais, o documento apresenta uma análise pormenorizada do modo como as metodologias de modelização podem ser aplicadas para estudar as funções e perturbações do sistema imunitário. Oferece informações sobre os potenciais benefícios destes modelos, reconhecendo simultaneamente as complexidades e limitações envolvidas na sua aplicação. Ao abordar tanto os pontos fortes como os desafios da utilização de modelos matemáticos neste domínio, o documento contribui para o debate mais amplo sobre a melhoria da integração de dados e técnicas de modelação na compreensão e gestão de problemas de saúde relacionados com o sistema imunitário (Zhang, G. 2015)

A tecnologia de realidade virtual (RV) tem diversas aplicações para além do domínio médico, incluindo em contextos militares. Uma utilização notável é o reforço da compreensão e da empatia para com as pessoas com autismo. A RV pode criar experiências imersivas que permitem aos utilizadores perceber o mundo da perspetiva de alguém com autismo. Esta tecnologia ajuda a ilustrar a forma como os indivíduos com autismo navegam e reagem ao ambiente que os rodeia, fornecendo informações sobre as suas experiências e respostas sensoriais únicas. Ao simular vários cenários, a RV permite que os utilizadores adquiram uma apreciação mais profunda da forma como alterações aparentemente pequenas no ambiente podem afetar as pessoas com autismo. Por exemplo, a tecnologia pode demonstrar como as interrupções de rotina ou os estímulos ambientais podem ser percepcionados como significativos e angustiantes. Esta abordagem empática não só ajuda a promover uma maior compreensão, como também apoia o desenvolvimento de estratégias e intervenções mais eficazes para indivíduos com autismo (Mustafa, I. S., e et al., 2023).

O rápido avanço da biotecnologia e da tecnologia da informação está a transformar profundamente o campo da imunologia na era pós-genómica. Este crescimento resultou num afluxo sem precedentes de dados e numa rápida acumulação de novas informações, que estão a remodelar as metodologias de investigação e a expandir as fronteiras da ciência imunológica. Neste cenário em evolução, a imunologia computacional emergiu como um recurso crítico, dependendo fortemente de bases de dados biológicas sofisticadas para facilitar a investigação e a descoberta. A integração de ferramentas e tecnologias de ponta revolucionou a forma como os investigadores modelam e analisam vários processos imunológicos. Estes avanços permitem o exame detalhado de fenómenos biológicos complexos, incluindo o transporte de péptidos, a ligação de anticorpos e a identificação de padrões alergénicos. Além disso, estas ferramentas suportam a modelação complexa de sequências de ativação de receptores de células T, fornecendo conhecimentos mais profundos sobre o funcionamento e as respostas do sistema imunitário. As bases de dados biológicas desempenham atualmente um papel essencial neste processo, oferecendo um acesso simplificado a grandes quantidades de dados e facilitando o tratamento eficiente de informações complexas. Ao tirar partido destes recursos, os investigadores podem explorar e compreender mais eficazmente a dinâmica das respostas e interações imunitárias a nível molecular. A capacidade de modelar e prever vários aspectos da imunologia tem-se tornado cada vez mais refinada, permitindo simulações e análises mais precisas que anteriormente eram inatingíveis. Em resumo, o crescimento exponencial da biotecnologia e da tecnologia da informação está a impulsionar avanços significativos na imunologia. O melhor acesso a conjuntos de dados abrangentes e o desenvolvimento de ferramentas computacionais avançadas estão a transformar as metodologias de investigação, permitindo uma modelação mais precisa das funções do sistema imunitário. À medida que estas tecnologias continuam a evoluir, prometem aumentar ainda mais a nossa compreensão dos processos imunológicos e melhorar a eficácia da investigação e das aplicações clínicas (Petrovsky, N., & Brusic, V., 2002).

Este artigo apresenta a "Imunologia Virtual", uma aplicação informática versátil concebida para apoiar cursos de fisiologia, imunologia e biologia celular. Disponível em português e inglês, esta ferramenta oferece uma série de exercícios interactivos para ajudar os utilizadores a compreender conceitos imunológicos complexos. Reconhecido pela sua elevada qualidade, o software apresenta uma interface intuitiva, uma navegação suave e um design esteticamente agradável, o que lhe valeu uma aclamação generalizada por parte de educadores e estudantes. O "Virtual Immunology" utiliza estratégias multimédia para transmitir eficazmente princípios científicos complexos. A aplicação integra várias formas de conteúdo, incluindo simulações interactivas, recursos visuais e exercícios envolventes, para proporcionar uma experiência de aprendizagem abrangente e envolvente. Esta abordagem não só melhora a compreensão, como também torna a aprendizagem mais cativante e acessível. A receção positiva do software realça a sua eficácia em colmatar as lacunas dos métodos de ensino tradicionais, oferecendo uma alternativa interactiva e visualmente estimulante aos manuais e aulas convencionais. A sua capacidade para simplificar conceitos complexos e facilitar a aprendizagem ativa tornou-o um recurso valioso no panorama educativo da imunologia e áreas afins. Uma vez que as instituições de ensino continuam a procurar ferramentas inovadoras para melhorar a aprendizagem dos estudantes, a "Imunologia Virtual" destaca-se como um exemplo notável de como a tecnologia pode transformar e enriquecer a experiência de aprendizagem. (Berçot, F. F., e et al., 2013).

A pandemia de COVID-19 provocou um aumento significativo do interesse pelas tecnologias de RV e RA, que estão preparadas para revolucionar vários domínios, incluindo a educação, a medicina, as artes, a engenharia, os negócios e o marketing. À medida que estas tecnologias avançam, oferecem experiências imersivas e interactivas com conteúdos digitais através de uma vasta gama de dispositivos. Isto marca o início de uma era transformadora caracterizada por um envolvimento profundo e impactante. As tecnologias de realidade virtual (RV) e de realidade aumentada (RA) permitem aos utilizadores interagir com ambientes digitais de formas anteriormente inimagináveis. Na educação, a RV e a RA podem criar experiências de aprendizagem imersivas que melhoram a compreensão e a retenção. Na medicina, estas tecnologias oferecem abordagens inovadoras à formação, ao diagnóstico e aos cuidados dos doentes. As artes estão a ser transformadas por novas formas de expressão digital e instalações interactivas, enquanto a engenharia e as empresas beneficiam de simulações avançadas e protótipos virtuais. O rápido desenvolvimento e adoção da RV e da RA assinalam uma mudança para métodos de interação mais envolventes e interactivos em vários sectores. Estas tecnologias estão não só a melhorar as práticas existentes, mas também a abrir novas possibilidades de inovação e criatividade. À medida que a RV e a RA continuam a evoluir, o seu potencial de impacto e enriquecimento em diferentes domínios aumenta, dando início a uma era de profundas mudanças e oportunidades (Zhao, e et al., 2023).

O módulo "Interações Antígeno-Anticorpo" do Virtual Immunology foi aclamado como uma ferramenta educacional de primeira linha, recebendo elogios de estudantes e educadores. Avaliado por 127 estudantes e 3 educadores no Rio de Janeiro, Brasil, este módulo oferece uma plataforma avançada e interactiva para explorar conceitos imunológicos complexos. Concebido para proporcionar uma experiência de aprendizagem envolvente e imersiva, o módulo permite aos utilizadores visualizar e interagir com as interações antigénio-anticorpo num ambiente virtual dinâmico. Esta abordagem inovadora permite que os estudantes observem estes fenómenos imunológicos críticos em tempo real, melhorando a sua compreensão da forma como os anticorpos se ligam aos antigénios e as respostas imunitárias subsequentes. O sucesso do módulo é atribuído à sua capacidade de fazer a ponte entre o conhecimento teórico e a visualização prática, tornando os conceitos abstractos mais acessíveis e compreensíveis. O feedback da avaliação destaca a sua eficácia no enriquecimento das metodologias de ensino, oferecendo aos educadores uma ferramenta poderosa para complementar os métodos tradicionais de ensino. Este módulo oferece aos alunos a oportunidade de se envolverem em simulações interactivas e representações visuais detalhadas, melhorando significativamente a sua compreensão dos processos imunológicos. Ao mergulhar os alunos num ambiente virtual, o módulo facilita uma compreensão mais profunda de conceitos complexos através da participação ativa e do pensamento crítico. Os alunos podem manipular variáveis e observar os resultados num ambiente controlado, proporcionando uma experiência de aprendizagem prática que os métodos tradicionais podem não ter.

O feedback positivo e as altas classificações recebidas na avaliação no Rio de Janeiro destacam a eficácia do módulo na transformação do ensino de imunologia. Este módulo representa um avanço notável na tecnologia educacional, utilizando ferramentas virtuais para criar uma experiência de aprendizagem mais dinâmica e envolvente. A natureza interactiva do módulo não só promove o envolvimento dos alunos, como também melhora a compreensão, permitindo que os alunos visualizem e experimentem os processos imunológicos em tempo real.

A incorporação destes elementos interactivos no currículo marca um passo significativo na integração da tecnologia em estruturas educativas. A capacidade do módulo para facilitar a aprendizagem ativa e fornecer feedback imediato alinha-se com as abordagens pedagógicas modernas, prometendo melhorias tanto nas práticas de ensino como nos resultados dos alunos. À medida que a tecnologia educacional continua a evoluir, módulos como este exemplificam como as ferramentas virtuais podem ser efetivamente utilizadas para enriquecer a experiência de aprendizagem e apoiar uma compreensão mais profunda em áreas especializadas como a imunologia (Faggioni, T., e et al., 2022).

Este artigo de revisão explora o papel transformador da aprendizagem automática (AM) no domínio da imunoterapia. Destaca a forma como as técnicas de aprendizagem automática estão a ser utilizadas para analisar dados complexos de imunoterapia, com ênfase na previsão das respostas dos doentes e na identificação das principais caraterísticas dos microambientes tumorais. A análise apresenta uma panorâmica abrangente da forma como o ML pode integrar dados multiómicos - como a genómica, a proteómica e a metabolómica - para aumentar a precisão e a eficácia da imunoterapia. Ao utilizar algoritmos avançados de ML, os investigadores podem obter informações mais aprofundadas sobre factores específicos do doente e caraterísticas do tumor, que são cruciais para personalizar as estratégias de tratamento e melhorar os resultados terapêuticos. No entanto, o documento também aborda os desafios e limitações enfrentados na aplicação do ML à imunoterapia. Estes incluem questões relacionadas com a qualidade dos dados, a transparência algorítmica e a necessidade de modelos de ML mais robustos e expansíveis. A análise discute os actuais obstáculos no terreno e salienta a necessidade de investigação e desenvolvimento contínuos para ultrapassar estes obstáculos. Olhando para o futuro, a análise delineia potenciais direcções futuras para o ML na investigação da imunoterapia. Sugere que a resolução destes desafios e o aperfeiçoamento das metodologias de ML podem fazer avançar significativamente este domínio, conduzindo a abordagens de tratamento mais eficazes e individualizadas. Ao melhorar a integração de dados multiómicos e ao aperfeiçoar os modelos de ML, a análise prevê um futuro em que a imunoterapia possa ser adaptada com maior precisão a cada doente, conduzindo, em última análise, a melhores resultados clínicos e a tratamentos mais eficazes do cancro (Li, Y., e et al., 2024).

III.   VR/AR NO ENSINO DA IMUNOLOGIA

A realidade virtual mergulha os utilizadores em ambientes gerados por computador, enquanto a realidade aumentada sobrepõe conteúdos digitais ao mundo real. Ambas as tecnologias têm o potencial de revolucionar o ensino da imunologia, oferecendo experiências imersivas que respondem a diferentes estilos e preferências de aprendizagem. As tecnologias de Realidade Virtual (RV) e Realidade Aumentada (RA) oferecem ferramentas poderosas para simular os microambientes de vários componentes do sistema imunitário, como os gânglios linfáticos, a medula óssea e os tecidos. Estas aplicações permitem que os alunos visualizem e interajam com interações celulares e processos fisiológicos em tempo real, proporcionando uma experiência educativa imersiva que melhora a compreensão de conceitos imunológicos complexos. Além disso, a intersecção entre a imunologia e a toxicologia ganhou uma relevância crescente na sociedade atual. A prevalência crescente de doenças auto-imunes, muitas vezes associadas a mal-entendidos sobre o sistema imunitário, realça a importância de compreender a interação entre estes campos. O bom funcionamento do sistema imunitário é crucial para a manutenção da saúde em geral, o que torna a investigação em imunologia, toxicologia e imunotoxicologia essencial para o avanço dos nossos conhecimentos e para enfrentar os desafios de saúde emergentes. A integração das tecnologias de RV e RA tem um potencial transformador para os avanços tanto na educação como na investigação, particularmente nos domínios da imunologia e da toxicologia. Ao oferecer simulações detalhadas das respostas imunitárias e dos efeitos toxicológicos, estas tecnologias permitem uma compreensão mais profunda da forma como vários factores influenciam a função imunitária. Esta visão melhorada é crucial para o desenvolvimento de tratamentos eficazes e medidas preventivas para doenças auto-imunes e outras doenças relacionadas com o sistema imunitário. A RV e a RA permitem a criação de ambientes interactivos e imersivos onde processos biológicos complexos podem ser visualizados e manipulados de formas que os métodos tradicionais não conseguem alcançar. Por exemplo, os estudantes e os investigadores podem explorar as interações dinâmicas entre as células imunitárias e os agentes patogénicos, ou observar os efeitos das toxinas nos sistemas celulares, obtendo conhecimentos valiosos sobre estas interações complexas. À medida que as tecnologias de RV e RA continuam a avançar, espera-se que as suas aplicações em imunologia e toxicologia aumentem, oferecendo ferramentas ainda mais sofisticadas para a investigação e o ensino. Estas tecnologias desempenharão um papel essencial na expansão da nossa compreensão das funções do sistema imunitário e dos impactos toxicológicos, conduzindo a melhores resultados na saúde e a estratégias mais eficazes de gestão das doenças relacionadas com o sistema imunitário. A adoção da RV e da RA nestes domínios será vital para alargar as fronteiras do conhecimento atual e melhorar a qualidade das experiências educativas e das metodologias de investigação. Ao integrar estas tecnologias avançadas, os domínios da imunologia e da toxicologia podem atingir novos níveis de conhecimento e inovação, beneficiando, em última análise, a saúde pública e fazendo avançar a compreensão científica. (Chakraborty, S., 2023). A Realidade Virtual (RV) e a Realidade Aumentada (RA) estão a revolucionar o ensino da imunologia, proporcionando experiências de aprendizagem imersivas e interactivas. Os métodos educativos tradicionais, como os livros didácticos e as ilustrações estáticas, não conseguem muitas vezes transmitir a complexidade e o dinamismo do sistema imunitário. Estas ferramentas convencionais podem ter dificuldade em captar todo o âmbito dos processos imunológicos, deixando lacunas na compreensão dos alunos. Em contrapartida, as tecnologias de RV e RA oferecem uma abordagem transformadora, criando visualizações e simulações tridimensionais que dão vida aos conceitos imunológicos. Através de ambientes de RV, os alunos podem explorar virtualmente o funcionamento interno do sistema imunitário, navegando através de corpos virtuais para observar interações celulares e mecanismos moleculares em tempo real. Esta experiência interactiva permite que os alunos se envolvam com o material de uma forma mais significativa e prática, melhorando a sua compreensão e retenção de conceitos complexos. A RA, por outro lado, pode sobrepor informação digital ao mundo real, permitindo aos alunos ver e interagir com estruturas e processos imunológicos no seu ambiente físico. Esta abordagem aumentada permite uma compreensão mais profunda através da integração de imagens digitais com contextos do mundo real. Juntas, as tecnologias de RV e RA preenchem a lacuna entre o conhecimento teórico e a experiência prática, oferecendo aos alunos uma visão dinâmica e abrangente da imunologia. Ao interagir com estas ferramentas avançadas, os alunos podem obter uma apreciação mais matizada dos meandros do sistema imunitário, melhorando, em última análise, os seus resultados educativos e preparando-os para estudos avançados e para a prática profissional neste domínio. Esta metodologia prática enriquece a compreensão e a retenção de conceitos fundamentais, promovendo o envolvimento ativo com o material em vez da absorção passiva. A RA complementa esta metodologia sobrepondo dados digitais ao mundo físico, permitindo que os alunos interajam com modelos virtuais juntamente com equipamento de laboratório ou espécimes tangíveis. Além disso, as simulações de RV e RA podem reproduzir surtos de doenças ou respostas imunológicas a agentes patogénicos, dando aos alunos uma experiência inestimável no diagnóstico e gestão de cenários do mundo real num ambiente seguro e controlado. Esta abordagem prática promove o pensamento crítico essencial e as competências de resolução de problemas vitais para os futuros profissionais de saúde. Ao incorporar a RV e a RA no ensino da imunologia, as instituições de ensino oferecem aos estudantes a oportunidade de explorar em profundidade as complexidades do sistema imunitário. Esta experiência de aprendizagem imersiva não só melhora a sua compreensão, como também os equipa com as competências avançadas necessárias para enfrentar eficazmente os desafios da saúde global. A integração da RV e da RA no ensino da imunologia representa um avanço significativo nas metodologias de formação, permitindo que os estudantes se envolvam em processos imunitários complexos de uma forma dinâmica e interactiva. Esta abordagem prática prepara-os para abordar os desafios médicos do mundo real com uma perspetiva mais abrangente e informada. Além disso, a revisão destaca a evolução da realidade virtual no domínio da medicina complementar e alternativa ao longo das últimas duas décadas. Salienta o papel crescente da RV no reforço da investigação e da prática neste domínio. À medida que a tecnologia da RV continua a desenvolver-se, espera-se que o seu potencial impacto na investigação futura e nas práticas terapêuticas seja profundo. A análise prevê que a RV desempenhará um papel crucial na definição de abordagens inovadoras aos cuidados de saúde, melhorando os resultados para os doentes e fazendo avançar o domínio da medicina. Em resumo, a aplicação da RV e da RA no ensino da imunologia não só enriquece as experiências de aprendizagem dos estudantes, como também contribui para a evolução mais alargada da investigação e da prática médicas. Ao preparar uma nova geração de profissionais de saúde com ferramentas e conhecimentos de ponta, estas tecnologias prometem impulsionar um progresso significativo na abordagem dos desafios globais de saúde (Guan, e et al., 2022).

IV.   BENEFÍCIOS DA VR/AR NO ENSINO DA IMUNOLOGIA

A. Visualização melhorada:

As tecnologias de Realidade Virtual (RV) e Realidade Aumentada (RA) surgiram como ferramentas transformadoras no domínio do ensino da imunologia, oferecendo visualizações imersivas e tridimensionais que ultrapassam de longe os métodos tradicionais de aprendizagem bidimensional. Ao contrário dos livros de texto estáticos ou das ilustrações planas, a RV e a RA fornecem representações interactivas e dinâmicas dos componentes e processos do sistema imunitário. Estas tecnologias permitem aos utilizadores mergulhar em modelos detalhados e realistas de células imunitárias, agentes patogénicos e respostas fisiológicas, facilitando uma compreensão mais intuitiva e abrangente de conceitos imunológicos complexos.

Através de simulações de RV, os alunos podem experimentar processos em tempo real, como a migração de células imunitárias, a produção de anticorpos e a inflamação num ambiente virtual controlado. Esta abordagem de aprendizagem experimental ajuda a desmistificar conceitos abstractos, visualizando-os de uma forma tangível e envolvente. Por exemplo, os alunos podem observar como as células imunitárias navegam pelo corpo, interagem com agentes patogénicos e respondem a vários estímulos, o que aumenta a sua compreensão das relações e funções intrincadas do sistema imunitário.

As tecnologias de RA enriquecem ainda mais esta experiência de aprendizagem ao sobreporem informação digital ao mundo real. As aplicações de RA podem projetar modelos tridimensionais de células e processos imunitários em superfícies físicas, permitindo aos alunos interagir e manipular esses modelos como se estivessem fisicamente presentes. Este envolvimento interativo promove uma aprendizagem e retenção mais profundas, uma vez que os alunos podem explorar e experimentar ativamente os conceitos que estão a ser estudados.

A integração da RV e da RA no ensino da imunologia representa uma mudança significativa em relação aos métodos de ensino convencionais. Ao fornecer uma plataforma imersiva e interactiva para explorar a dinâmica do sistema imunitário, estas tecnologias tornam a aprendizagem mais envolvente e eficaz. Como resultado, os alunos podem desenvolver uma compreensão mais matizada dos processos imunológicos e melhorar a sua capacidade de aplicar este conhecimento em cenários práticos. Em última análise, as tecnologias de RV e RA oferecem uma abordagem revolucionária ao ensino da imunologia, colmatando o fosso entre o conhecimento teórico e a aplicação prática de uma forma sem precedentes (Bailenson, J., 2018).

B.   Interatividade

Os utilizadores podem interagir e manipular entidades virtuais como células imunitárias, agentes patogénicos e antigénios, promovendo a aprendizagem experimental e o envolvimento ativo. Estas simulações imersivas proporcionam uma oportunidade de experiência prática com processos biológicos complexos, permitindo aos alunos explorar e compreender a intrincada dinâmica do sistema imunitário de uma forma altamente interactiva.

Este método melhora a compreensão ao oferecer uma representação tangível e visual de conceitos imunológicos abstractos. A natureza interactiva destas ferramentas incentiva os utilizadores a experimentar respostas imunitárias, visualizar interações celulares e observar os resultados de vários processos biológicos em tempo real. Este nível de envolvimento aprofunda a curiosidade e motiva os alunos a explorar mais, promovendo um papel mais ativo na sua própria educação.

Ao manipular diretamente elementos virtuais, os alunos podem simular reacções e interações imunitárias num ambiente controlado, tornando a experiência de aprendizagem dinâmica e com impacto. Esta abordagem preenche a lacuna entre o conhecimento teórico e a aplicação prática, tornando os conceitos complexos mais fáceis de compreender. Além disso, proporciona aos formandos uma compreensão mais pormenorizada do funcionamento do sistema imunitário em cenários do mundo real. Como resultado, este envolvimento ativo promove o pensamento crítico, melhora a retenção e assegura que os alunos estão melhor equipados para aplicar os seus conhecimentos em contextos práticos.

C. Aprendizagem personalizada

As plataformas de RV e RA oferecem uma flexibilidade excecional, adaptando-se a estilos e ritmos de aprendizagem individuais, permitindo que os alunos explorem conceitos complexos à sua própria conveniência. Estas tecnologias permitem a criação de ambientes de aprendizagem personalizáveis, nos quais os utilizadores podem interagir com os conteúdos da forma que melhor se alinhe com as suas preferências pessoais e necessidades de aprendizagem. Quer seja através de simulações interactivas, visualizações detalhadas ou experimentação prática, a RV e a RA proporcionam vários métodos para interagir com o material, respondendo a diferentes abordagens de compreensão. Esta adaptabilidade ajuda os alunos a progredir em tópicos desafiantes ao seu próprio ritmo, reforçando conceitos através de interação e prática repetidas.

Ao oferecer uma experiência de aprendizagem personalizada, a RV e a RA melhoram significativamente a compreensão e a retenção. Atendem a diversos estilos de aprendizagem, assegurando que cada aluno pode alcançar uma compreensão mais profunda de assuntos complexos. Esta abordagem individualizada ajuda a colmatar as lacunas no conhecimento, tornando o processo educativo mais eficaz e envolvente. Como os alunos têm a oportunidade de explorar e interagir com o conteúdo de uma forma que se adapta às suas preferências de aprendizagem únicas, estão mais bem equipados para compreender e reter informações complexas. Em última análise, as tecnologias de RV e RA contribuem para uma experiência educativa mais adaptada e com maior impacto, ajudando os alunos a dominar conceitos difíceis e a alcançar o sucesso académico (Kukulska-Hulme, A., & Shield, L., 2008).

D. Simulação de processos dinâmicos

As simulações dinâmicas podem ser utilizadas para reproduzir as respostas do sistema imunitário, incluindo processos-chave como a inflamação, a migração de células imunitárias e a produção de anticorpos. Ao modelar estas interações complexas, estas simulações fornecem informações valiosas sobre a forma como o sistema imunitário funciona ao longo do tempo e em diferentes contextos espaciais. Permitem aos utilizadores visualizar e compreender os processos complexos envolvidos nas respostas imunitárias, destacando a forma como os vários componentes do sistema imunitário interagem e reagem em tempo real. Estas simulações ajudam a elucidar tanto a progressão temporal como a dinâmica espacial das funções imunitárias, oferecendo uma visão abrangente do funcionamento do sistema imunitário durante as diferentes fases de uma resposta imunitária. Esta abordagem não só melhora a compreensão dos mecanismos imunitários, como também ajuda no desenvolvimento de intervenções e tratamentos específicos, fornecendo uma imagem mais clara da forma como os processos imunitários se desenrolam e evoluem. Através destes modelos detalhados e interactivos, os alunos e os investigadores podem obter uma apreciação mais profunda das complexidades do comportamento do sistema imunitário, facilitando uma visão mais informada e aplicações em imunologia.

E.   Aprendizagem em colaboração

As experiências de aprendizagem colaborativa são significativamente enriquecidas em ambientes de realidade virtual (RV) multi-utilizadores, onde os alunos podem interagir com colegas e educadores em salas de aula ou laboratórios virtuais. Estes ambientes imersivos de RV oferecem uma plataforma única para a comunicação em tempo real e o trabalho em equipa, permitindo aos participantes colaborar em projectos, participar em debates e resolver problemas coletivamente. Ao contrário dos métodos educativos tradicionais que se baseiam na aprendizagem passiva e na interação limitada, a RV proporciona um ambiente simulado dinâmico que promove um forte sentido de presença e envolvimento.

Em RV, a sala de aula virtual ou o laboratório imitam cenários do mundo real, permitindo aos alunos experimentar um processo educativo mais interativo e envolvente. Este ambiente suporta a comunicação e colaboração síncronas, o que pode levar a uma resolução de problemas e geração de ideias mais eficazes. Os alunos podem trabalhar em conjunto em projectos como se estivessem fisicamente presentes no mesmo espaço, facilitando uma compreensão mais profunda de conceitos complexos através da experiência prática e do feedback imediato. A natureza imersiva da RV também ajuda a manter a concentração e a motivação dos alunos, uma vez que cria uma atmosfera de aprendizagem realista e estimulante.

As capacidades interactivas dos ambientes de RV melhoram significativamente a aprendizagem em colaboração, incentivando perspectivas diversas e a resolução cooperativa de problemas. Em actividades de grupo e debates virtuais, os alunos podem trocar ideias com os seus pares, o que aprofunda a sua compreensão do assunto. Esta abordagem colaborativa não só ajuda na retenção da informação, como também promove competências cruciais como a comunicação, o trabalho em equipa e o pensamento crítico.

Além disso, a RV permite a criação de experiências de aprendizagem personalizadas que respondem a diferentes estilos e necessidades de aprendizagem. Os educadores podem conceber cenários virtuais adaptados a objectivos de aprendizagem específicos, permitindo que os alunos pratiquem e apliquem os seus conhecimentos num ambiente controlado e imersivo. Este nível de personalização garante que a experiência educacional seja relevante e envolvente.

De um modo geral, a integração da RV em estruturas educativas revoluciona o processo de aprendizagem, tornando-o mais interativo, imersivo e colaborativo. Esta abordagem melhora os resultados da aprendizagem individual e desenvolve o conhecimento coletivo através de experiências partilhadas e do trabalho em equipa. À medida que a tecnologia de RV continua a evoluir, espera-se que o seu papel na educação se expanda, oferecendo formas ainda mais inovadoras de apoiar a aprendizagem colaborativa e melhorar a eficácia educativa (Goh & Siu, 2020).

V. ESTUDOS DE CASOS E EXEMPLOS

Várias iniciativas já demonstraram o potencial da RV/RA no ensino da imunologia:

A. Sistema imunitário virtual (VIS)

Os investigadores da Universidade de Stanford criaram uma aplicação inovadora de RV que permite aos utilizadores explorar o sistema imunitário num ambiente virtual. Esta ferramenta de ponta oferece uma experiência de aprendizagem interactiva, permitindo aos utilizadores navegar e interagir com vários componentes do sistema imunitário num ambiente altamente imersivo. A aplicação de RV proporciona uma abordagem dinâmica e prática para compreender processos imunológicos complexos, incluindo interações celulares e respostas a agentes patogénicos.

Através desta aplicação, os utilizadores podem observar e manipular células imunitárias virtuais, anticorpos e agentes patogénicos, obtendo uma compreensão mais profunda das funções do sistema imunitário através de visualizações e interações em tempo real. Esta abordagem imersiva melhora a compreensão, colmatando a lacuna entre os conceitos teóricos e a aprendizagem prática e experimental. Ao oferecer uma representação visual e interactiva de processos imunológicos complexos, a ferramenta de RV transforma a experiência de aprendizagem tradicional, tornando-a mais envolvente e intuitiva.

A aplicação de RV desenvolvida em Stanford não só serve como um valioso recurso educativo para os estudantes, como também beneficia os investigadores ao proporcionar uma nova forma de visualizar e interagir com os componentes do sistema imunitário. Este desenvolvimento realça o potencial significativo da tecnologia de RV para revolucionar o ensino e a aprendizagem de conceitos científicos complexos, facilitando uma experiência educativa mais eficaz e abrangente. À medida que a tecnologia de RV continua a avançar, a sua aplicação na educação científica promete melhorar ainda mais a forma como os estudantes e investigadores se envolvem e compreendem sistemas biológicos intrincados (Kim, Y., & Kim, H. ,2020).

Flashcards de Imunologia baseados em B. AR

Foram desenvolvidos flashcards de realidade aumentada (RA) para melhorar a aprendizagem através da visualização de vários tipos de células imunitárias e das suas funções. Estes flashcards constituem uma ferramenta interactiva e envolvente para memorização e revisão, oferecendo uma abordagem dinâmica ao estudo de conceitos imunológicos complexos. Quando visualizados através de um dispositivo com AR, os flashcards apresentam modelos tridimensionais e animações de células imunitárias, permitindo aos utilizadores explorar as suas estruturas e funções em maior detalhe. Esta experiência imersiva transforma materiais de aprendizagem tradicionais e estáticos em recursos interactivos, facilitando a compreensão e a retenção de informações sobre os tipos de células imunitárias e as suas funções no sistema imunitário.

Ao incorporar a tecnologia AR, estes flashcards ajudam a reforçar a aprendizagem, transformando conceitos abstractos em experiências visuais tangíveis. Os utilizadores podem ver como as diferentes células imunitárias interagem no corpo, ajudando na compreensão e retenção. Este método não só aprofunda a compreensão, como também torna o processo de aprendizagem mais agradável e eficaz.

A utilização da RA em ferramentas educativas como os flashcards representa um avanço significativo no ensino da imunologia. Aproveita a tecnologia de ponta para melhorar o envolvimento e a compreensão, oferecendo aos alunos uma forma mais interactiva de estudar e interiorizar informações detalhadas sobre as células imunitárias e as suas funções, melhorando, em última análise, os seus resultados de aprendizagem (Billinghurst, M., Clark, A., & Lee, G., 2015).

C. Módulos educativos imersivos

As universidades e as instituições de ensino estão a integrar cada vez mais módulos de realidade virtual (RV) e de realidade aumentada (RA) nos seus currículos de imunologia para complementar os métodos de ensino tradicionais e aumentar a participação dos estudantes. Estas tecnologias avançadas oferecem experiências de aprendizagem imersivas e interactivas que vão para além dos manuais e aulas convencionais. Ao incorporar a RV e a RA, as instituições de ensino dão aos estudantes a oportunidade de explorar conceitos imunológicos complexos através de simulações dinâmicas e visualizações tridimensionais. Esta abordagem permite aos alunos interagir com modelos virtuais do sistema imunitário, observar processos celulares em tempo real e participar em actividades práticas que aprofundam a sua compreensão de tópicos complexos. As tecnologias de RV e RA melhoram a aprendizagem, tornando-a mais cativante e acomodando diversos estilos de aprendizagem através de conteúdos adaptáveis e interactivos. Ao fazer a ponte entre o conhecimento teórico e a aplicação prática, estas tecnologias preparam melhor os estudantes para os desafios do mundo real na imunologia. A natureza imersiva da RV e da RA proporciona um ambiente de aprendizagem dinâmico onde os estudantes podem visualizar e manipular processos biológicos complexos, promovendo uma compreensão mais intuitiva da matéria. Esta integração inovadora da RV e da RA na educação marca um avanço significativo na qualidade e no impacto do ensino nas ciências, oferecendo uma ferramenta transformadora para melhorar os resultados educacionais e a compreensão prática no campo (Chen, C. J., & Wang, J. C., 2018).

VI.   DESAFIOS E DIRECÇÕES FUTURAS

Embora as tecnologias de RV/RA sejam muito promissoras para o ensino da imunologia, há vários desafios a enfrentar:

A.   Acessibilidade

A adoção de tecnologias de RV/RA na educação enfrenta desafios significativos devido a limitações técnicas e de custos, especialmente em ambientes com recursos limitados. As elevadas despesas associadas à aquisição e manutenção de equipamento de RV/RA podem ser proibitivas para muitas instituições de ensino, especialmente as que têm orçamentos limitados. Os auscultadores avançados de RV/RA, os sensores e outro hardware relacionado podem ser dispendiosos, e a necessidade de manutenção ou actualizações contínuas aumenta ainda mais os encargos financeiros. Para as instituições que operam com orçamentos apertados, a atribuição de fundos para esta tecnologia de ponta pode parecer impraticável quando existem outras necessidades prementes de recursos educativos básicos.

Para além dos aspectos financeiros, os requisitos técnicos para a implementação das tecnologias RV/RA colocam obstáculos adicionais. Para que as aplicações RV/RA funcionem corretamente, é frequentemente necessária uma capacidade informática avançada, o que exige que as instituições invistam em computadores e servidores de alto desempenho. Muitos ambientes educativos, sobretudo nos países em desenvolvimento ou em zonas com poucos recursos, podem não ter as infra-estruturas necessárias para suportar estas tecnologias. O software especializado necessário para criar e executar experiências educativas imersivas acrescenta um outro nível de complexidade, uma vez que pode exigir apoio informático específico e formação para os educadores integrarem eficazmente estas ferramentas nos seus métodos de ensino.

O fosso digital agrava ainda mais estes desafios, uma vez que o acesso a uma Internet e eletricidade fiáveis não está garantido em todas as regiões. Nas zonas rurais ou mal servidas, a falta de conetividade estável à Internet ou a indisponibilidade de eletricidade pode tornar as tecnologias de RV/RA praticamente inutilizáveis, dificultando aos estudantes e educadores destas regiões beneficiarem dos avanços que estas ferramentas oferecem.

Além disso, os conhecimentos técnicos necessários para desenvolver e implementar conteúdos de RV/RA podem constituir outra limitação. Os educadores podem não ter as competências ou os recursos necessários para criar e personalizar experiências de RV/RA, que envolvem frequentemente considerações complexas de programação, conceção e experiência do utilizador. Sem formação adequada ou acesso a especialistas que possam desenvolver conteúdos educativos relevantes, as instituições podem ter dificuldade em utilizar estas ferramentas em todo o seu potencial.

Para ultrapassar estes obstáculos, são necessários esforços de colaboração entre os governos, os criadores de tecnologia e as instituições de ensino. Os governos e as organizações podem fornecer financiamento e subsídios para ajudar as instituições a adquirir o equipamento e as infra-estruturas necessárias. Além disso, o desenvolvimento de soluções de RV/RA mais económicas e de software de código aberto poderia tornar estas tecnologias mais acessíveis. É igualmente crucial proporcionar formação e recursos aos educadores para que aprendam a implementar eficazmente a RV/RA na sala de aula.

Ao ultrapassar estes desafios técnicos e de custos, as tecnologias de RV/RA podem ser mais amplamente adoptadas na educação, ajudando a melhorar as experiências de aprendizagem e a colmatar o fosso entre as práticas educativas tradicionais e inovadoras, especialmente em ambientes com poucos recursos (Bailenson, J. N., Yee, N., Blascovich, J., Beall, A. C., Lundblad, N., & Jin, M., 2008).

B.   Desenvolvimento de conteúdos

O desenvolvimento de conteúdos de RV/RA exactos e cientificamente rigorosos exige um esforço de colaboração entre educadores, imunologistas e criadores de tecnologia. Cada uma destas partes interessadas desempenha um papel crucial na garantia de que o conteúdo é simultaneamente eficaz do ponto de vista pedagógico e cientificamente exato.

Os educadores contribuem com informações valiosas sobre estratégias pedagógicas e objectivos de aprendizagem. Ajudam a garantir que o conteúdo de RV/RA se alinha com os objectivos educativos e apoia a aprendizagem eficaz dos alunos. O seu contributo é essencial para a conceção de experiências que cumpram as normas curriculares e melhorem o processo educativo.

Os imunologistas contribuem com os seus conhecimentos especializados para garantir que a informação científica representada no conteúdo de RV/RA reflecte com precisão os processos e conceitos do sistema imunitário. Os seus conhecimentos especializados são essenciais para garantir que as simulações e visualizações se baseiam nos conhecimentos científicos actuais e fornecem uma representação verdadeira dos fenómenos biológicos.

Os programadores de tecnologia são responsáveis por traduzir estes conhecimentos científicos e educativos em experiências de RV/RA imersivas e interactivas. Abordam desafios técnicos, como o desenvolvimento de simulações realistas, a criação de interfaces de fácil utilização e a garantia da funcionalidade geral da aplicação. O seu trabalho é essencial para tornar as experiências de RV/RA cativantes e acessíveis aos utilizadores.

Esta abordagem multidisciplinar garante que as aplicações de RV/RA não são apenas cientificamente exactas, mas também pedagogicamente eficazes. Ao integrar os conhecimentos especializados de educadores, imunologistas e programadores de tecnologia, o conteúdo resultante é simultaneamente valioso do ponto de vista pedagógico e cativante. Esta colaboração conduz à criação de ferramentas de RV/RA de alta qualidade que melhoram os resultados da aprendizagem e fornecem aos estudantes conhecimentos valiosos sobre fenómenos científicos complexos. Esta abordagem maximiza o potencial das tecnologias de RV/RA para revolucionar o ensino em áreas como a imunologia, oferecendo aos estudantes uma compreensão mais profunda e interactiva de conceitos científicos complexos (Iyer, S. S., 2022).

C. Avaliação e apreciação

Há uma necessidade urgente de métodos normalizados para avaliar a eficácia das aplicações de RV/RA na consecução dos objectivos educativos e na melhoria dos resultados da aprendizagem. Atualmente, a avaliação destas tecnologias imersivas em contextos educativos carece de consistência, o que dificulta a medição do seu verdadeiro impacto na aprendizagem dos alunos. Os métodos de avaliação normalizados são essenciais para determinar até que ponto as ferramentas de RV/RA cumprem objectivos educativos específicos, tais como melhorar a compreensão, o envolvimento e a retenção de conceitos complexos.

O desenvolvimento de métricas claras e de quadros de avaliação coerentes permitirá aos educadores e investigadores avaliar com exatidão a eficácia das aplicações de RV/RA. Esta abordagem facilitará as comparações entre diferentes ferramentas de RV/RA e contextos educativos, fornecendo informações valiosas sobre as estratégias mais eficazes em vários ambientes de aprendizagem. Ao estabelecer um processo de avaliação uniforme, os educadores podem identificar melhor as áreas a melhorar e tomar decisões mais informadas sobre a integração das tecnologias RV/RA nos currículos.

A implementação de métodos de avaliação normalizados garantirá que as tecnologias de RV/RA sejam utilizadas eficazmente em contextos educativos, conduzindo, em última análise, a melhores resultados de aprendizagem e a decisões mais estratégicas sobre a sua utilização na educação (Goh & Siu, 2020).

D.   Integração nos programas curriculares

A integração de ferramentas de RV/RA em estruturas educativas estabelecidas requer um planeamento meticuloso e uma integração cuidadosa para garantir que se alinham com os objectivos de aprendizagem e as normas curriculares. Este processo envolve várias etapas fundamentais para garantir que estas tecnologias avançadas melhorem e não perturbem os paradigmas educativos existentes. Em primeiro lugar, os educadores devem identificar os objectivos e resultados de aprendizagem específicos que pretendem alcançar com as ferramentas de RV/RA. Isto implica compreender como estas tecnologias podem complementar e apoiar o currículo atual, em vez de introduzir conteúdos não relacionados ou redundantes. Em seguida, deve ser desenvolvido um plano detalhado de integração, descrevendo a forma como as experiências de RV/RA serão integradas nos planos de aula e como apoiarão os objectivos educativos. Este plano deve também ter em conta a infraestrutura tecnológica, garantindo que o hardware e o software necessários estão disponíveis e que tanto os alunos como os professores têm formação adequada para utilizar estas ferramentas de forma eficaz. Além disso, é essencial avaliar a forma como as aplicações de RV/RA podem ser integradas sem perturbar o fluxo das aulas existentes. Isto pode implicar a experimentação da tecnologia em algumas turmas ou disciplinas antes de uma implementação em grande escala. A avaliação contínua e o feedback são também cruciais para determinar até que ponto estas ferramentas estão a cumprir os objectivos educativos e para fazer os ajustes necessários com base na sua eficácia. De um modo geral, a integração bem sucedida da RV/RA nos quadros educativos depende do alinhamento destas ferramentas com as normas curriculares e os objectivos de aprendizagem, garantindo que são utilizadas de forma estratégica e eficaz para melhorar a experiência educativa.

VII. CONCLUSÃO

As tecnologias de realidade virtual e aumentada (RV/RA) são uma promessa significativa para revolucionar o ensino da imunologia, oferecendo novas formas de visualizar e compreender processos complexos do sistema imunitário. Estas ferramentas imersivas proporcionam experiências de aprendizagem interactivas e personalizadas que vão além dos métodos tradicionais, melhorando a compreensão, o envolvimento e a retenção. As plataformas de RV e RA permitem aos estudantes interagir com modelos tridimensionais de células imunitárias, agentes patogénicos e vários processos fisiológicos, facilitando uma compreensão mais profunda dos conceitos imunológicos e das suas aplicações nos cuidados de saúde e na investigação.

A integração da RV/RA no ensino da imunologia já demonstrou o seu potencial através de várias aplicações inovadoras. Por exemplo, a aplicação Virtual Immune System (VIS) permite aos alunos explorar o sistema imunitário de forma interactiva, oferecendo uma forma dinâmica de compreender processos complexos. Do mesmo modo, os flashcards de imunologia baseados em AR fornecem uma forma tangível de visualizar diferentes células imunitárias e as suas funções, transformando a informação estática numa experiência de aprendizagem envolvente e interactiva. Os módulos educativos imersivos melhoram ainda mais este aspeto ao simularem cenários e respostas imunitárias do mundo real, oferecendo aos estudantes conhecimentos práticos sobre o funcionamento destes sistemas. Apesar destes avanços, é necessário enfrentar vários desafios para tirar o máximo partido das vantagens das tecnologias de RV/RA. A acessibilidade continua a ser uma questão importante, uma vez que o elevado custo do equipamento de RV/RA e os requisitos técnicos podem limitar a sua adoção generalizada, sobretudo em contextos de recursos limitados. O desenvolvimento de conteúdos também apresenta desafios, exigindo que a informação exacta e cientificamente rigorosa seja traduzida em experiências virtuais cativantes. Além disso, a avaliação da eficácia das ferramentas de RV/RA em contextos educativos e a sua integração nos currículos existentes exigem uma análise cuidadosa e a colaboração entre educadores, cientistas e criadores de tecnologia. Em conclusão, embora as tecnologias de RV/RA ofereçam um potencial transformador para o ensino da imunologia, é essencial ultrapassar estes obstáculos. Com inovação contínua e esforços de colaboração, estas tecnologias podem tornar-se ferramentas valiosas para melhorar a aprendizagem, proporcionando aos estudantes formas imersivas e eficazes de explorar e compreender as complexidades do sistema imunitário.

REFERÊNCIAS

[1]   Plechatá, Adéla, et al. "A experiência da imunidade de grupo em realidade virtual aumenta a intenção de vacinação contra a COVID-19: Evidências de um estudo de intervenção de campo em grande escala". Computadores em comportamento humano 139 (2023): 107533.

[2]   Chan, Cliburn, e Thomas B. Kepler. "Computational immunology-from bench to virtual reality" [Imunologia computacional - da bancada à realidade virtual]. ANNALS-ACADEMY OF MEDICINE SINGAPORE 36.2 (2007): 123.

[3]   Zhang, Lei, Doug A. Bowman e Caroline N. Jones. "Possibilitar a aprendizagem de imunologia em realidade virtual através da narração de histórias e da interatividade". Realidade Virtual, Aumentada e Mista. Aplicações e estudos de caso: 11ª Conferência Internacional, VAMR 2019, realizada como parte da 21ª Conferência Internacional de HCI, HCII 2019, Orlando, FL, EUA, 26-31 de julho de 2019, Proceedings, Parte II 21. Springer International Publishing, 2019.

[4]   Zhang, Lei, e Doug A. Bowman. "Projetando histórias imersivas de realidade virtual com personagens ricos e alta interatividade para promover a aprendizagem de conceitos complexos de imunologia." 2021 Conferência IEEE sobre Realidade Virtual e Resumos e Workshops de Interfaces de Usuário 3D (VRW). IEEE, 2021.

5]   Schreiner, Wolfgang, et al. "Relative movements of Domains in Large Molecules of the Immune system" [Movimentos relativos de domínios em grandes moléculas do sistema imunitário]. Journal of Immunology Research 2015 (2015).

[6]   Zhang, Guanglan. "Avanços na Imunologia Computacional".

[7]   Mustafa, Iman Sabah, Lana Latif Nahmatwlla e Walat A. Ahmed. "PAPÉIS DA REALIDADE VIRTUAL NA SOCIEDADE UTILIZANDO TECNOLOGIA WEB E SISTEMAS DISTRIBUÍDOS".

[8]   Petrovsky, Nikolai, e Vladimir Brusic. "Imunologia computacional: The coming of age". Immunology and cell biology 80.3 (2002): 248-254.

[9]   Chakraborty, Shampa. "Imunologia, toxicologia e imunotoxicologia: An overview". Journal of Toxicological Studies 1.1 (2023).

[10]   Berçot, Filipe Faria, et al. "Imunologia virtual: Software para o ensino de imunologia básica." Educação em Bioquímica e Biologia Molecular 41.6 (2013): 377-383.

[11]   Kosa, Timea, et al. "Innovative education and engagement tools for rheumatology and immunology public engagement with augmented reality." Biomedical Visualisation: Volume 5 (2019): 105-116.

[12]   Zhao, Xiaoli, Yu Ren e Kenny SL Cheah. "Liderando a realidade virtual (VR) e a realidade aumentada (AR) na educação: análise bibliométrica e de conteúdo da web of science (2018-2022)." SAGE Open 13.3 (2023): 21582440231190821.

[13] Faggioni, Thais, et al. "Imunologia virtual: um software educativo para incentivar a aprendizagem da interação antigénio-anticorpo". Avanços na Educação em Fisiologia 46.1 (2022): 109-116.

[14] Guan, Huifang, Yan Xu e Dexi Zhao. "Aplicação da tecnologia de realidade virtual na prática clínica, ensino e investigação em medicina complementar e alternativa." Medicina Complementar e Alternativa Baseada em Evidências 2022 (2022).

[15] Li, Yawei, et al. "Informing immunotherapy with multi-omics driven machine learning." npj Digital Medicine 7.1 (2024): 67.

[16] Pulendran, Bali, e Mark M. Davis. "A ciência e a medicina da imunologia humana". Science 369.6511 (2020): eaay4014.

[17] Bailenson, J. N., Yee, N., Blascovich, J., Beall, A. C., Lundblad, N., & Jin, M. (2008). A utilização da realidade virtual imersiva na aprendizagem das ciências: Transformações digitais de professores, alunos e contexto social. *The journal of the learning sciences*, *17*(1), 102-141.

[18] Billinghurst, M., Clark, A., & Lee, G. (2015). A survey of augmented reality. *Foundations and Trends® in Human-Computer Interaction*, *8*(2-3), 73-272.

[19] Bailenson, J. (2018). *Experiência a pedido: O que é a realidade virtual, como funciona e o que pode fazer*. WW Norton & Company.

[20] Iyer, S. S. (2022). Competências profissionais, reconhecimento da aprendizagem prévia e tecnologia: O futuro do ensino superior. *Revista Internacional de Ciências da Educação e da Pedagogia*, *16*(6), 297-307.

[21] Goh, T., & Siu, K. W. M. (2020**).** *Conceção e desenvolvimento de sistemas de realidade virtual e aumentada para fins educativos e de investigação. Jornal de Tecnologia Educativa e Sociedade*, 23(4), 54-67

[22] Kukulska-Hulme, A., & Shield, L. (2008). "Technology-enhanced language learning for the future". *Journal of Educational Technology & Society*, *11*(3), 232-244.

[23] Kim, Y., & Kim, H. (2020). A realidade virtual como ferramenta para o ensino da imunologia: Uma abordagem interactiva para aumentar o envolvimento e a compreensão dos alunos. *Jornal de Tecnologia Educativa e Sociedade*, 23(3), 122-135.

[24] Goh, T., & Siu, K. W. M. (2020). *Uma avaliação da realidade virtual e da realidade aumentada em ambientes educacionais: A review. Jornal de Tecnologia Educativa e Sociedade*, 23(2), 89-102.

[25] Chen, C. J., & Wang, J. C. (2018). "A eficácia da realidade virtual para melhorar o ensino de ciências: A Review". *Tecnologia Educacional e Sociedade, 21*(1), 108-124

yes
I want morebooks!

Buy your books fast and straightforward online - at one of world's fastest growing online book stores! Environmentally sound due to Print-on-Demand technologies.

Buy your books online at
www.morebooks.shop

Compre os seus livros mais rápido e diretamente na internet, em uma das livrarias on-line com o maior crescimento no mundo! Produção que protege o meio ambiente através das tecnologias de impressão sob demanda.

Compre os seus livros on-line em
www.morebooks.shop

Printed by Books on Demand GmbH, Norderstedt / Germany